Recht rond cyberwar, het internet van dingen en andere internet (on)gemakken:

de tien geboden van het internetrecht

Arno R. Lodder

Rede uitgesproken bij de aanvaarding van het ambt van hoogleraar Internet Governance and Regulation aan de faculteit der Rechtsgeleerdheid van de Vrije Universiteit te Amsterdam op 30 maart 2012

ISBN: 978-1-4717-1229-6

Recht rond cyberwar, het internet van dingen en andere internet (on)gemakken:

de tien geboden van het internetrecht

Inhoudsopgave

Mijnheer de rector, dames en heren!

Recht en internet

And everything we want to get
We download from the internet
No need to think, no need to feel
When only cyberspace is real

Radio Ga Ga, We Will Rock you Musical, 2002

Toen ik 9 was hield ik mijn eerste spreekbeurt en gebruikte een lijstje te bespreken onderwerpen. Voorlezen en de aandacht van het publiek erbij houden is een kunst die weinigen beheersen. Als het aan mijn promotor had gelegen had ik mijn lekenpraatje voorgelezen. Lange tijd heb ik gedacht dat ik mijn vuurdoop zou beleven bij het uitspreken van mijn oratie. Hier sta ik, met uitgeschreven tekst, ik kan niet anders.[1]

In 1992 begon ik in Maastricht aan een groot wetenschappelijk project.[2] We zouden een platform ontwikkelen met een functionaliteit die door de niet lang daarna verschijnende Mosaic browser grotendeels werd gerealiseerd. Mijn eerste internetstappen waren browserloos en bestonden uit talk, usenet nieuwsgroepen en ftp. Ver voor file sharing een begrip was, heb ik via ftp twee nummers van een nog niet uitgebrachte CD van Kate Bush gedownload. Ik stond aan de wieg van het huidige internet.

Het internet is een in de jaren zestig door het Amerikaanse leger opgezet gedistribueerd netwerk, bedoeld om ook na een aanval te kunnen blijven communiceren. In de eerste 25 jaar voornamelijk bevolkt door goedwillende academici, maar verworden tot een broedplaats van allerhande dreigingen, inclusief door staten geïnitieerde.

---

[1] Vrij naar Maarten Luther.
[2] SKBS B3 Archimedes-project, vgl. J.L.G. Dietz, R. van der Pol & F. Wiesman (1997), The ARCHIMEDES Network System: a system for searching and accessing information in multiple multimedia sources, *Journal of Intelligent Information Systems*, 8, 77–101.

Recht rond cyberwar, het internet van dingen en andere internet (on)gemakken 1

Het World Wide Web is in de jaren negentig ontwikkeld om informatie-
uitwisseling op afstand te vergemakkelijken. Het is verworden tot een riool
dat langzaam dichtslibt en waarin overheden digitale putdeksels
aanbrengen.

Het internet van dingen zal in de jaren twintig alomtegenwoordig zijn en
objecten in staat stellen met ons en elkaar te communiceren. Zal dit leiden
tot non-stop surveillance door zowel overheid als bedrijfsleven?[3]

> Internet past in het rijtje voedsel en drinken, een eerste levensbehoefte waar vrijwel niemand meer zonder kan.

Behalve somberheid
brengt het internet ons
vooral veel moois waar we
dagelijks ruim van
genieten.[4] Internet past in
het rijtje voedsel en drinken, een eerste levensbehoefte waar vrijwel
niemand meer zonder kan. Finland introduceerde in 2009 als eerste een
wettelijk recht op toegang tot internet.[5] In mei 2011 bepaalde de Europese
Unie dat in 2013 iedere EU burger breedband internet moet hebben dat
vervolgens in 2020 snel of ultra-snel moet zijn.[6] In diezelfde maand gaf de
Verenigde Naties aan dat "ensuring universal access to the Internet should
be a priority for all States."[7]

---

[3] Een somber toekomstperspectief schetst E. Dommering (2008), *'Gevangen in de
waarneming'. Hoe de burger de communicatiemiddelen overnam en zelf ook de bewaking
ging verzorgen* (afscheidsrede UvA), Otto Cramwinckel Uitgever.
[4] Boeiende, al wat oudere analyse van de status van het internet: J. Zittrain (2008), *The
Future of the Internet. And How to Stop It*, Yale University Press.
[5] Liikenne- ja viestintäministeriön asetus tarkoituksenmukaisen internet-yhtyeden
vähimmäisnopeudesta yleispalvelussa), FINLEX, 22 October 2009. Zie voor Engelse tekst:
http://www.finlex.fi/en/laki/kaannokset/2009/en20090732.
[6] *Agreement in the Council on broadband internet access*, http://bit.ly/iDjfng
http://www.eu2011.hu/news/agreement-in-the-council-about-broadband-internet-access.
[7] United Nations General Assembly, A/HRC/17/27, 16 May 2011, Human Rights Council,
Seventeenth session, Agenda item 3.

Van algemene toegang of andere rechten was geen sprake in de beginjaren, toen normering bestond uit door internetgebruikers opgestelde netiquette.[8] Er was nauwelijks handel, cybercrime bestond niet en eventuele incidenten werden onderling opgelost. Vanaf begin jaren negentig werd het internet opengesteld voor het algemene publiek en gingen bedrijven online diensten aanbieden. In 1994 was Pizza Hut een van de eerste online dienstverleners,[9] in 1995 gevolgd door uitsluitend op internet actieve bedrijven als eBay en Amazon. Door al deze activiteit begon het recht in beeld te komen. Tot op dit moment kan zowel wat de gemakken als ongemakken betreft het internet niet zonder recht.[10]

> Internetjuristen bieden duidelijkheid in onze virtualiserende maatschappij.

Recht ordent. Normschendingen daargelaten rijden we rechts, respecteren elkaars eigendom, betalen belasting, etc. Het internet is onderdeel van onze rechtsorde, maar laat zich niet eenvoudig vangen in de juridische concepten die we sinds jaar en dag hanteren. Bij gedragingen op internet is niet altijd op voorhand duidelijk wat de norm is, wie deze kan handhaven, en op wie de norm van toepassing is. Internetjuristen bieden duidelijkheid in onze virtualiserende maatschappij.

Zie hier in een notendop het belang van de eerste Internetrecht leerstoel in Nederland.[11]

---

[8] Zelfregulering is nog steeds een belangrijke vorm van internetregulering J.P. Mifsud Bonnici (2008), *Self-Regulation in Cyberspace*, Den Haag: T.M.C. Asser Press.
[9] *Ordering over the Internet: Pizza Hut Inc. and Santa Cruz...*, Chicago Tribune 22 August 1994. Zie ook http://www.ed.uiuc.edu/wp/commercialism/history-of-the-internet.htm en http://1997.webhistory.org/www.lists/www-talk.1994q3/0655.html.
[10] Waarschijnlijk het eerste internetrecht boek is - anders dan ik eerder onder verwijzing naar het voorwoord van Lessig bij Zittrain aangaf - niet het boek van Ethan Katsh uit 1995, maar E.A. Cavazos & G. Morin (1994), *Cyberspace and the Law: Your Rights and Duties in the On-line world*, MIT Press.
[11] 2011 was een goed internetrecht jaar, want op vergelijkbare leerstoelen zijn benoemd Mireille Hildebrandt (RU, Smart Environments, Data Protection and the Rule of Law), alsmede Simone van der Hof en Gerrit-Jan Zwenne (beiden UL, Recht en

Internet governance and regulation

"In die tijd moest je het nog zonder zender doen. Nu hebben ze die wel, en daarom denkt de hogere legerleiding dat zij op patrouille zijn. Dus worden kleinere legereenheden aangevoerd door kolonels, door generaals, godsamme, zelfs door de president. (...) En hoe beter de radio's worden, hoe erger het wordt."

Karl Marlantes – Matterhorn, 2010

De officiële aanduiding van mijn leeropdracht is *Internet Governance and Regulation*. Internet Governance wordt net als mijn afdeling *Transnational Legal Studies* en onderzoeksprogramma *Boundaries of Law* onvertaald gelaten.

> In 1991 introduceerde Al Gore de *High-Performance Computing Act*, met als doel een informatie infrastructuur te ontwikkelen vergelijkbaar met het snelwegennet.

In de kern ziet Internet Governance op beheersvragen rond de techniek van internet: het internetprotocol, webstandaarden, domeinnamen.[12] Niet grote ondernemingen of overheden, maar organisaties als de Internet Engineering Task Force[13] en IANA[14] alsmede individuen als Vint Cerf, Bob Kahn[15] en Jon Postel[16] hebben de basis gelegd voor het huidige internet. Doorslaggevend voor het succes is het idee uit maart 1989 van Berners-Lee om computers via

---

informatiemaatschappij). Eerder was Milton Mueller (2008-2010) bijzonder hoogleraar op het gebied van veiligheid en privacy van internetgebruikers aan de TU Delft.

[12] Ook wel aangeduid als Internet Governance in beperkte zin. Zie L.B. Solum, Models of Internet Governance, Chapter 2 in: L.A. Bygrave & J. Bing (2009)(eds.), *Internet governance: infrastructure and institutions*, Oxford University Press, p. 48-91, http://ssrn.com/abstract=1136825.

[13] http://ietf.org.

[14] Internet Assigned Numbers Authority, http://iana.org.

[15] Zij ontwikkelden in de jaren zeventig het TCP/IP protocol.

[16] http://www.postel.org/postel.html.

onderstreepte tekst te verbinden. Toen Mike Sendall besloot dit project te financieren kon hij onmogelijk weten *hoe* opwindend het zou uitpakken.[17]

Een consensus model met particuliere organisaties en individuen lag aanvankelijk ten grondslag aan Internet governance, de overheid was niet geïnteresseerd. In 1991 introduceerde Al Gore de *High-Performance Computing Act*, met als doel een informatie infrastructuur te ontwikkelen vergelijkbaar met het snelwegennet.[18] Vooral het berijden van de infrastructuur beschreef de Nederlandse Nota Wetgeving voor de Elektronische Snelweg in 1998.[19] De EG richtte zich op de elektronische handel.[20]

De opkomende overheidsbemoeienis bij internet is tegengesteld aan de liberaliseringgolf in de post- en telecommunicatie markt in dezelfde periode. In 1989 werd de PTT verzelfstandigd en ging verder onder de merkwaardige naam Koninklijke PTT Nederland (KPN).

In 1989 viel ook de Berlijnse muur en de gedachte bij de opkomst van het internet was dat dictatoriale regimes moeilijk stand zouden houden door de snelle en wereldwijde communicatiemogelijkheden. De rol die sociale media hebben gespeeld in de Arabische lente is hiervan een recente illustratie. Er is echter ook een donkere kant. Morozov betoogt dat internet juist dictatoriale regimes kan ondersteunen.[21] China met zijn digitale muur is het meest ontluisterende voorbeeld.[22]

---

[17] Mike Sendall voorzag het voorstel van de aantekening "vague but exciting", zie http://info.cern.ch/Proposal.html.
[18] Bill Text, 102nd Congress (1991-1992), S.272.ENR, High-Performance Computing Act of 1991, http://thomas.loc.gov/cgi-bin/query/z?c102:S.272.ENR:.
[19] *Kamerstukken* II 1997/98, 25 880, nrs. 1-2 (WES-nota).
[20] A European Initiative in Electronic Commerce, 15 april 1997, COM(97) 157.
[21] E. Morozov (2011), *The Net Delusion: The Dark Side of Internet Freedom*, PublicAffairs.
[22] Zie uitgebreid J. Goldsmith & T. Wu (2006), *Who Controls the Internet,* Oxford University Press, p. 87-104.

Recht rond cyberwar, het internet van dingen en andere internet (on)gemakken 5

Hiermee raken we aan de niet-technische, meer sociale en politieke kant van Internet Governance.[23] Internetvrijheid, het dichten van de digitale kloof en netneutraliteit[24] zijn belangrijk thema's. Grondgedachte is het gebruik van internet voor een ieder zo goed mogelijk te garanderen. In deze politieke context, zoals bij het jaarlijks door de Verenigde Naties georganiseerde Internet Governance Forum, staat debat voorop.[25] De samenhang en wisselwerking tussen de techniek, politiek en recht is bijzonder boeiend,[26] maar ik concentreer me vandaag op reguleringsvraagstukken rondom internet.[27]

Internet regulation is waar internetrecht om draait.[28] De kracht van de internetjurist is dat hij kennis van recht en internet zinvol kan combineren. Internetrecht is een dynamisch rechtsgebied, omdat het samenhangt met technische ontwikkelingen. Deze heb ik kort gekarakteriseerd, maar wat is recht?[29]

---

[23] Het gaat hier vooral om beleid. Er vindt wel regulering plaats, maar die is beperkt. Een voorbeeld is de door de EU als prematuur betitelde introductie in de Telecommunicatiewet van art. 7.4a Tw over netneutraliteit, *Kamerstukken* 32 549, Wijziging van de Telecommunicatiewet ter implementatie van de herziene telecommunicatierichtlijnen. Voorjaar 2012 lag het voorstel bij de Eerste Kamer en het is in mei 2012 aangenomen.

[24] M. Mueller (2008), *Securing Internet Freedom. Security, Privacy and Global Governance* (oratie Delft), D. Radovanovic (2012), *Divide and Social Media: Connectivity Doesn't End the Digital Divide, Skills Do*, http://ssrn.com/abstract=2001952 en C.T. Marsden (2010) *Net Neutrality*, Bloomsbury academic.

[25] http://intgovforum.org. J. Kurbalija (2009), *An introduction to Internet Governance*, DiploFoundation. R.H. Weber (2010), *Shaping Internet Governance: Regulatory challenges*, Springer.

[26] M.L. Mueller (2010), *Networks and States. The Global Politics of Internet Governance*, MIT Press.

[27] Ook wel Internet Governance in brede zin.

[28] Een prachtige analyse over de geschiedenis en achtergronden van internetregulering is D.G. Post (2009), *In search of Jefferson's moose. Notes on the State of Cyberspace*, Oxford University Press.

[29] Over deze vraag is veel verschenen o.a. H.L.A. Hart (1961), *The concept of law*, Oxford University Press, R. Dworkin (1976), *Taking rights seriously*, Harvard University Press, N. MacCormick & O. Weinberger (1986), *An Institutional Theory of Law*, Law and Philosophy Library, Vol. 3, Springer en A.R. Lodder (1999), *DiaLaw. On legal justification and dialogical argumentation*, Law and Philosophy Library, Vol. 42, Springer.

Internetrecht als afzonderlijk vakgebied

Well, I pick up all the pieces and make an island

Jimi Hendrix Experience, Voodoo Child (slight return), 1968

Lang geleden was er enkel het recht van de sterkste. Vervolgens ontstond het burgerlijk recht dat – ik chargeer – de rechtstoestand tussen mensen en objecten als slaven regelde en hoeveel het koste om iemand in het gezicht te mogen slaan. Daarna volgde het publiekrecht en het later daarvan losgeweekte strafrecht. Naast dit nationale recht regelt het internationale recht de verhoudingen tussen staten met als bekende spin-off het EU recht. Deze indeling in rechtsgebieden biedt juristen houvast en de mogelijkheid rechten, plichten en bevoegdheden in het leven te roepen, alsmede menselijk gedrag en de status van objecten binnen dit systeem te duiden. Door de complexer wordende samenleving is in de loop der jaren het recht uitgebreid en zijn de juridische specialismen navenant verkleind tot een omvang waarbij doorgronden en bijhouden mogelijk is.

> Cruciaal is dat recht beoogt de samenleving te ordenen en een groot deel van de samenleving zich verplaatst naar het internet.

Voor een deel zijn specialismen te herleiden tot regelgeving zoals bij aansprakelijkheidsrecht,[30] telecommunicatierecht[31] en privacyrecht.[32] Een zogenaamd functioneel rechtsgebied kent geen duidelijke wettelijke basis, combineert rechtsgebieden en ontleent haar samenhang aan het verschijnsel dat wordt bestudeerd, zoals bij financieel recht, bouwrecht en sportrecht.

---

[30] Met name art. 6:162-193 BW.
[31] De Telecommunicatiewet.
[32] Wet bescherming persoonsgegevens.

Het internetrecht kent wel wetten zoals inzake de elektronische handel, elektronisch bestuurlijk verkeer en computercriminaliteit.[33] Deze staan echter niet op zichzelf maar betreffen wijzigingen in het Burgerlijk Wetboek, de Algemene Wet Bestuursrecht en de Wetboeken van Strafrecht en Strafvordering. Internetrecht is bovenal een rechtersrecht.[34] Veel kortgeding zaken en uitspraken van lagere rechters, maar de laatste jaren ook steeds meer uitspraken van de Hoge Raad[35] en Europese rechters.[36]

Waarom is internetrecht nu een afzonderlijk rechtsgebied?[37] Een eenvoudige maar weinig bevredigende rechtvaardiging is een variant op

---

[33] Wet elektronische handel (*Stb.* 2004, 210), Wet elektronisch bestuurlijk verkeer (*Stb.* 2004, 214), Wet Computercriminaliteit II (*Stb.* 2006, 300) en in mindere mate Wet Computercriminaliteit (*Stb.* 1993, 33).

[34] Dat is ook de reden dat in 2002 *Jurisprudentie Internetrecht* werd samengesteld, R. van den Hoogen, A.R. Lodder & M. van der Linden-Smith (2003), Kluwer en vervolgens M. van der Linden-Smith & A.R. Lodder (2006, 2009).

[35] Een vroeg arrest is de overwinning van XS4ALL op het spambedrijf Ab.Fab (HR 12 maart 2004, LJN AN8483), dat na het gewonnen hoger beroep failliet was gegaan. Iets vergelijkbaars overkwam XS4ALL in december 2005 in de klassieker over vrijheid van meningsuiting, toen na een bijzonder uitgebreide conclusie van AG Verkade Scientology het cassatieberoep introk, de Hoge Raad dit accepteerde en de zaak niet inhoudelijk beoordeelde (HR 16 december 2005, LJN AT2056). Invloedrijk is HR 25 november 2005 (Lycos/Pessers, LJN AU4019) waarin criteria werden bepaald voor het opvragen van NAW-gegevens (). Hieronder worden nog twee arresten uit 2012 (Ladbrokes, Virtuele diefstal) en 2011 (Hyves smaad) behandeld.

[36] Van het Europese Hof voor de Rechten van de Mens o.a. EHRM 3 april 2007 Copland v. the UK, EHRM 2 december 2008 K.U. v. Finland en EHRM 10 mei 2011 Mosley v. UK en van het Hof van Justitie van de EU o.a. HvJEG 6 oktober 2008 (C-298/07, art. 5 e-commerce richtlijn), HvJ EU 23 maart 2010 (Google France v Louis Vuitton), HvJEU 16 februari 2012, C-360/10 (Sabam/Netlog).

[37] In de Verenigde Staten ontstond in de jaren negentig discussie over de vraag of Cyberspace law wel een onderdeel van de rechtenopleiding moest zijn. Voornaamste tegenstander Frank Easterbrook gaf aan dat er toch ook geen Paardenrecht bestond. Lawrence Lessig brak een lans voor Cyberlaw in The Law of the Horse: What Cyberlaw Might Teach, *Harvard Law Review* 1999: 501-546. De vraag was of we onze normen en waarden ook op het internet moeten toepassen en of de technologie indien nodig moet aangepast. Dat internet niet buiten de rechtsorde staat is weinig discussie meer over. De vraag naar de mate waarin technologie normering kan en moet ondersteunen is nog actueel. Hier gaat het mij niet primair om de plaats van internetrecht binnen het onderwijs, maar of het recht rond internet systematisch en in samenhang moet worden bestudeerd.

cogito ergo sum: in de wetenschap en praktijk zijn internetjuristen actief, dus internetrecht bestaat.

Aangevoerd kan worden dat de maatschappelijke impact van internet enorm is, maar dit geldt ook voor voetbal en voetbalrecht bestaat niet.[38] Cruciaal is dat recht beoogt de samenleving te ordenen en een groot deel van de samenleving zich verplaatst naar het internet.[39] Het internet is krant, televisie, bioscoop, winkel, kroeg, rechter, huiskamer, vriendenclub, onuitputtelijke informatiebron, etc.[40] "Cyberspace is de nieuwe ruimte van het recht.", aldus Hildebrandt.[41] Zal internetrecht op termijn al het bestaande recht omvatten? Tot op zekere hoogte, maar een deel van ons leven blijft zich afspelen buiten het internet. Bovendien is er bij internetrecht altijd een link met de fysieke wereld.

Zelfs André Kuipers die momenteel vanuit de ruimte Twittert[42] heeft een link met de fysieke wereld door zijn Nederlandse nationaliteit. Er zijn wel zaken die zich uitsluitend op internet afspelen, zoals online spelwerelden[43] of de miljoenen online geschillen die eBay jaarlijks oplost.[44] Zodra echter het recht een rol gaat spelen, is er een link met de fysieke wereld. Voor menigeen zal het een geruststelling zijn dat de tastbare werkelijkheid ook voor de juridische duiding van de virtuele wereld van het internet relevant is.

---

[38] Wel zijn er ongetwijfeld in voetbal gespecialiseerde sportjuristen en er is zelfs een Voetbalwet (Wet maatregelen bestrijding voetbalvandalisme en ernstige overlast, *Stb.* 2010, 325).
[39] Dit geldt zeker voor de born digitals of millennials, degenen die zijn opgegroeid in het internettijdperk. De jeugd is niettemin een kwetsbare groep op internet Y. Poullet (2011), e-Youth before its judges – Legal protection of minors in cyberspace, *Computer Law & Security Review* 2011/1, p. 6-20.
[40] Internet biedt ook mogelijkheden voor buitenlandse bruiden: C. Del Vecchio (2008), Match-Made in Cyberspace: How Best to Regulate the International Mail-Order Bride Industry, 46 *Columbia Journal of Transnational Law* 177.
[41] M. Hildebrandt (2011), *De rechtsstaat in cyber space?* (oratie RU).
[42] Twitter.com/astro_andre.
[43] G. Lastowska (2010), *Virtual Justice. The New Laws of Online Worlds.* Yale University Press.
[44] 16 miljoen eBay/Paypal-conflicten per jaar: "We can work it out" of "Let it be"?, NVvIR Flitsbijeenkomst 14 oktober 2009 met eBay/Paypal ODR directeur Colin Rule, lodder.cli.vu/flits/flits10.html.

Recht rond cyberwar, het internet van dingen en andere internet (on)gemakken 9

Toch zijn er mensen die zeggen "internetrecht bestaat niet, het is geen recht, want opgebouwd uit contractenrecht, strafrecht, arbeidsrecht, etc". Elk internetrecht onderwerp zou in theorie onder een andere discipline kunnen worden gebracht. Deze ontkenning van het eigen karakter van internetrecht betekent dat de daarmee samenhangende juridische problemen tot los zand worden die tussen de vingers van in andere disciplines gespecialiseerde juristen heen glijden.

> Deze ontkenning van het eigen karakter van internetrecht betekent dat de daarmee samenhangende juridische problemen tot los zand worden die tussen de vingers van in andere disciplines gespecialiseerde juristen heen glijden.

Internet en recht als losse onderdelen volstaan namelijk niet, voor een betekenisvolle analyse is de combinatie internetrecht essentieel. De internetjurist overziet de juridische implicaties van het internet en lost aan het internet gerelateerde juridische vragen op. Naast generieke internetjuristen als Tina van der Linden en Arnoud Engelfriet zijn er ook specialisten op het gebied van privacy, auteursrechten, elektronische handel, etc. De internetrechtelijke invalshoek bindt deze specialisten, een visie waarin technisch en juridisch begrip naadloos in elkaar overloopt.

Centrale internetrecht onderwerpen zijn auteursrecht, vrijheid van meningsuiting en privacy.[45] Gebruikers kunnen auteursrechtelijke content delen met vele onbekenden, op de digitale zeepkist kan fluisterend de hele wereldbevolking worden bereikt en op internet is zo veel informatie dat zelfs zonder data mining in korte tijd een profiel kan worden opgesteld dat meer verteld dan iemand van zichzelf weet. Daar zal een recht om te vergeten in de Europese privacy verordening weinig aan veranderen.[46]

---

[45] Opvallend is dat Amerikanen vooral Intellectuele Eigendom (met name auteursrecht) en vrijheid van meningsuiting als belangrijke thema's zien en Europeanen IE en privacy.
[46] In Section 3 Rectification and Erasure, Article 17 (Right to be forgotten and to erasure) van COM(2012) 11 final, 25 januari 2012, Proposal for a Regulation of the European Parliament

Behalve dit trio breinbrekers is er een stoet aan andere het recht uitdagende gemakken zoals sociale netwerken, virtuele werelden en de elektronische overheid[47] alsmede ongemakken zoals onrechtmatige content, cybercriminaliteit en klassieke delicten als smaad en oplichting.[48]

De internet governance groep van de VU beschikt over brede expertise, maar de nadruk ligt binnen het onderwijs en onderzoek op de transnationale invalshoek[49] bij onderwerpen als witwassen, security, privacy en grondbeginselen van internet governance. De wetenschappelijke omgeving is bijzonder vruchtbaar, omdat binnen de afdeling en het onderzoeksprogramma wordt samengewerkt met EU juristen, volkenrecht specialisten en rechtsfilosofen.

---

and of the Council on the protection of individuals with regard to the processing of personal data and on the free movement of such data (General Data Protection Regulation).

[47] M.M. Groothuis, J.E.J. Prins & C.J.M. Schuyt (2011), *De digitale overheid* (VAR Preadviezen), A.R. Lodder e.a. (2010), *Recht en Web 2.0*, NVvIR publicatiereeks no. 27, Lulu en A.R. Lodder (red.)(2006), *Recht in een virtuele wereld: Juridische aspecten van Massive Multiplayer Online Role Playing Games (MMORPG)* (NvvIR). Den Haag: Elsevier Juridisch.

[48] H.W.K. Kaspersen (2004), Bestrijding van Cybercrime en de noodzaak van internationale regelingen, *Justitiële Verkenningen*, 2004(8), 58-75 en A.R. Lodder (2010), Ongewenste informatie op internet, *Computerrecht* 2010/3, p. 122-127.

[49] S. Botzem & J. Hofmann (2010), Transnational governance spirals: the transformation of rule-making authority in Internet regulation and corporate finance reporting, *Critical Policy Studies*, Vol. 4, no. 1, p. 18-37.

Recht rond cyberwar, het internet van dingen en andere internet (on)gemakken 11

Tien geboden van het internetrecht

But for all my years of reading conversation
I stand without a word to say

David Bowie – Conversation Piece, 1970

Wetenschap[50] wordt gedreven door nieuwsgierigheid. Internetrecht kent veel open vragen: dat een gek meer vragen kan stellen dan tien wijzen kunnen beantwoorden, gaat zeker op.[51] Antwoorden zijn bovendien slechts een begin. Eerder dit jaar hoorde ik twee studenten verzuchten dat ze het aanvoeren van argumenten bij de studie zo vervelend vonden, maar het gaat natuurlijk om deze onderbouwing. Drie opeenvolgende vragen zijn steeds van belang:

1. Voldoen bestaande normen als zodanig?
2. Zo nee, is het mogelijk na interpretatie bestaande normen toe te passen?
3. Zo nee, moet en kan een nieuwe norm worden opgesteld?

De eerste vijf zijn kernbeginselen. De tweede vijf zijn daarnaast gerelateerd aan het onderzoek dat we doen.

Bij ieder norm moet worden nagegaan:
- de doelstelling: wat moet gereguleerd worden;
- het niveau: nationaal, transnationaal of internationaal;

---

[50] De discussie of juridische wetenschap een contradictio in terminis is, laat ik verder rusten, zie met name C.J.J.M. Stolker (2002), 'Ja geleerd zijn jullie wel!' Over de status van de rechtswetenschap, *NJB*, 15, 1409 – 1418 en recent van dezelfde auteur 'Een discipline in transitie. Rechtswetenschappelijk onderzoek na de Commissie Koers', *Recht en Methode in onderzoek en onderwijs* 2011-1, p. 13-43.

[51] A.R. Lodder & N. Vaisnoriene (2010), Internet governance en regulering: boeiende analyses, nuttige handreikingen maar nog veel open vragen, *Tijdschrift voor Internetrecht* 2010/5, p. 153-157.

- de opsteller: de markt, transnationale instituties, de staat op nationaal of verdragsniveau of niemand in het bijzonder (gewoonte, spontane ordening);
- de handhaving: juridische sancties, maar ook kan de techniek zo ontworpen worden dat overtreding niet mogelijk is of automatisch wordt geconstateerd;
- de handhaver: naast genoemde opstellers bijvoorbeeld ook toezichthouders;
- de adressaat: de norm kan zich richten op burgers, bedrijven, overheden, etc.

Deze aandachtspunten zijn bedoeld voor de wetenschappelijke beoefenaar, maar hebben veelal bredere gelding. Het zijn ingrediënten voor een goede internetrechtelijke analyse maar weinig sprankelend, terwijl een oratie *ook* een smakelijk gerecht moet zijn. Ter nadere onderbouwing van de nut en noodzaak van het internetrecht en hoe dit te beoefenen zal ik daarom wetgeving, rechtspraak en voorvallen presenteren in een tweeluik. Twee tafels van vijf, ofwel de tien geboden van het internetrecht. De eerste vijf zijn kernbeginselen. De tweede vijf zijn daarnaast gerelateerd aan het onderzoek dat we doen.

I. Gij zult het internet bevatten

'Forty-two!' yelled Loonquawl. 'Is that all you've got to show for seven and a half million years' work?'
'I checked it very thoroughly,' said the computer, 'and that quite definitely is the answer. I think the problem, to be quite honest with you, is that you never actually known what the question is.'

Douglas Adams – The Hitch Hiker's Guide to the Galaxy, 1979

Het eerste gebod betreft noodzakelijk basisbegrip van het internet, zoals over de wijze waarop informatie zich verplaatst. Rekening moet worden gehouden met de karakteristieken van het internet zoals openbaar karakter, traceerbaarheid, schaalbaarheid en grensoverschrijdendheid.

> Rekening moet worden gehouden met de karakteristieken van het internet zoals openbaar karakter, traceerbaarheid, schaalbaarheid en grensoverschrijdendheid.

Bij de regulering van online gokken ontbreekt realiteitszin en begrip van internet. Gokken wordt gereguleerd om verschillende redenen, zoals tegengaan van verslaving, criminaliteitsbestrijding en morele verwerpelijkheid.[52] Recht en online gokken typeert zich door een stapeling van dilemma's. Zo zijn er enerzijds staten die online gokken verbieden omdat reguleren niet werkt en anderzijds staten die reguleren omdat een verbod niet werkt,[53] beteugeling vanuit volksgezondheid wringt met belastinginning en reclame moet voldoende zijn om gokkers naar de juiste aanbieders te leiden, maar niet te overdadig en stimulerend.

---

[52] Andere redenen voor regulering zijn de mogelijkheid van leeftijdscontrole en belastinginkomsten.
[53] J.J. McBurney (2006), To Regulate or to Prohibit: An Analysis of the Internet Gambling Industry and the Need for a Decision on the Industry's Future in the United States, *Conn. J. Int'l L.* 337 (2005-2006) en R.J. Rychlak (2011), The Legal Answer to Cyber-Gambling. *Mississippi Law Journal*, Vol. 80, No. 4, p. 1229, 2011, http://ssrn.com/abstract=1844585. Over gebrekkige zie de WTO zaak van Antigua en Barbuda: United States — Measures Affecting the Cross-Border Supply of Gambling and Betting Services, http://www.wto.org/english/tratop_e/dispu_e/cases_e/ds285_e.htm.

In Nederland pokeren een miljoen mensen online. Toch verbiedt de wet online gokken[54] en wordt hiervoor ook geen vergunning verleend.[55] De overheid handhaaft niet, maar er zijn tientallen rechtszaken van Nederlandse aanbieders tegen buitenlandse goksites. De rechtsgrond is oneerlijke concurrentie.[56] Ontluisterend is de jarenlange rechtszaak tussen Lotto en Ladbrokes. Zelfs nadat het Hof van Justitie liet doorschemeren op zijn minst twijfels te hebben bij het Nederlandse gokbeleid,[57] bepaalde de Hoge Raad in februari dit jaar definitief dat de Britse vergunninghouder Ladbrokes Nederlandse IP-adressen moet weren.[58] Deze maatregel is makkelijk te omzeilen en principieel onjuist. Uit concurrentieoverwegingen wordt een betrouwbare aanbieder geweerd die in wezen het gokbeleid dient, terwijl duizenden onbetrouwbare alternatieven online blijven.

Het huidige kabinet gaat online gokken reguleren.[59] Vanaf volgende week start de Kansspelautoriteit, maar online aanbod wordt pas 31 december 2014 verwacht.[60] Dat is gunstig voor de Nederlandse gokkers, voor aanbieders op de Nederlandse markt en voor de belastingkas. Het is minder prettig voor illegale buitenlandse aanbieders, maar ook dat is winst.

---

[54] Artikel 1 sub a Wet op de Kansspelen (Wok) bepaalt dat het aanbieden van kansspelen zonder vergunning niet is toegestaan. De Nederlandse overheid verleent geen vergunning voor aanbieders van online gokdiensten. Artikel 1 sub b Wok bepaalt dat het deelnemen aan een kansspel waar geen vergunning is voor verleend verboden is. Na jaren van voorbereiding werd het Wetsvoorstel Internetproef (*Kamerstukken* 30362) in april 2008 door de Eerste Kamer verworpen (*Handelingen* Eerste Kamer *25, 1040-1042*).
[55] Raad van State 23 maart 2011, LJN BP8768 (Betfair).
[56] Maatschappelijk onbetamelijkheid bij onrechtmatige daad (art. 6:162 BW).
[57] HvJEG 3 juni 2010, C-258/08 (Lotto Ladbrokes).
[58] HR 24 februari 2012, LJN BT6689.
[59] Vgl. het rapport van de Adviescommissie Kansspelen via internet (2010), *Legalisatie van kansspelen via internet.*
[60] M.I. Robichon (2012), Actualiteit Nederland (naschrift bij art. online poker), *Computerrecht* 2012/1, 4, p. 21.

II. Leg juiste link tussen virtueel en fysiek

Misschien kon Facebook me opvrolijken. Tenslotte had ik meer dan 70 vrienden op
Facebook. Dat had vast wel de nodige activiteit opgeleverd terwijl ik weg was. (...)
Niets.
Ik keek geschokt naar het scherm. Niet één van mijn vrienden had de afgelopen
maand een bericht gestuurd of iets aan mij gepost.

Jonathan Coe – De afschuwelijke eenzaamheid van Maxwell Sim, 2010

Het tweede gebod brengt cyberspace en de fysieke ruimte bij elkaar. Dit
moet wel op de juiste wijze gebeuren. Deze niet altijd eenvoudige
koppeling is de kern: uit recht en internet ontstaat internetrecht.

Ook opsporingsautoriteiten worstelen met het internet.[61]
Grensoverschrijdende opsporingsactiviteiten zijn in beginsel slechts
toegestaan met instemming van het andere land. Een politieman vertelde
mij ooit dat op een
moordplek een Yahoo
mailbox open stond en hij
de mails met mogelijk
relevante informatie niet
opende.[62] Respecteerde
deze politieman privacy?
Nee, de reden voor zijn terughoudendheid was dat de servers fysiek in
Amerika stonden.

> Deze niet altijd eenvoudige
> koppeling is de kern: uit recht en
> internet ontstaat internetrecht.

Er is slechts één internetverdrag: van de Raad van Europa uit 2001 over
cybercrime.[63] Over grensoverschrijdende doorzoeking van
computersystemen kon men het niet eens worden. Rond diezelfde

---

[61] P.L. Bellia (2001), Chasing Bits Across Borders, *University of Chicago Legal Forum*, pp. 35-
101 en A.R. Lodder, 'Soevereiniteit op het web bestaat niet', *Financieel Dagblad* 19 april
2012.
[62] A.R. Lodder (2008), Surveillance: whose territory is a virtual world anyway?, *Terra Nova*,
http://terranova.blogs.com/terra_nova/2008/02/surveillance-wh.html.
[63] Opgesteld onder voorzitterschap van Rik Kaspersen, Convention on Cybercrime,
http://conventions.coe.int/Treaty/en/Treaties/html/185.htm.

bepaalde de e-commerce richtlijn[64] dat een lidstaat toezicht houdt op aanbieders van internetdiensten die op haar grondgebied wonen of als bedrijf gevestigd zijn. Waar de technologie zich bevindt, doet er niet toe. Ook bij een Braziliaanse domeinnaam of Koreaanse server zal de Nederlandse overheid controleren als de aanbieder uit Amsterdam komt. De Nederlandse toezichthouder raadpleegt in dat geval een server die op Koreaans grondgebied staat. Nooit gehoord van een staat die zich daar druk over maakt.

Het benaderen van computers binnen de opsporing strekt doorgaans verder dan het enkele bekijken van websites, maar de grondgedachte is hetzelfde. Informatie staat eerst en vooral op internet en pas op de tweede plaats is er een link met een plek op onze aarde. Soevereiniteit schiet zijn doel voorbij als deze wordt ingeroepen omdat informatie toevallig fysiek op een bepaalde computer te vinden is.[65] Privacy speelt een rol als computers bij mensen thuis staan. Ook dan moet uitgangspunt zijn dat deze computer onderdeel is van het internet.

Dat landen het zich aantrekken dat vreemde opsporingsautoriteiten op hun grondgebied computers doorzoeken past niet bij het karakter van het internet. Het Nederlandse OM moet tegen een in Nederland woonachtige verdachte ook over de fysieke grenzen heen bewijs kunnen verzamelen.[66] Wat vervolgens met dat bewijsmateriaal gebeurt is aan het land dat vervolgt. Het recht moet echter pas in beeld komen bij de evaluatie van bewijsmateriaal. Voor die tijd moet het zogenaamd schenden van territoir als niet relevant terzijde worden geschoven.

Er zijn wel juridische grenzen, zoals overheidsinfiltratie en surveillance bij Facebook of Google. Dat het Nederlandse OM geen cijfers wil verstrekken

---

[64] Richtlijn 2000/31/EG inzake de elektronische handel, *PbEG* 17 juni 2000, L 178/1.

[65] Vgl. J.P.R. Bergfeld, H.W.K. Kaspersen & A.R. Lodder (2000), *Onderzoek naar de gevolgen van toepassing van Informatie- en Communicatietechnologie voor de Wet openbaarheid van bestuur* (evaluatieonderzoek in opdracht van de Minister van Binnenlandse Zaken en Koninkrijksrelaties), p. 57: "Doorslaggevend is namelijk niet de fysieke locatie van de server, maar wie de mogelijkheid heeft de op de server vastgelegde informatie te benaderen."

[66] 'Justitie kijkt illegaal in buitenlandse computers', *Volkskrant* 10 maart 2012.

over aftappen van sociale media geeft te denken.[67] Er is namelijk verschil tussen ongericht zoeken en gericht zoeken naar belastend materiaal en verdachten. Het Nederlandse OM mag best vrienden worden met een Nederlandse Facebook gebruiker die bijvoorbeeld kinderporno aanbiedt. Dan is toestemming van het land waar de Facebook servers staan niet nodig. Helaas vindt handel in kinderporno niet in openheid plaats, wat eens te meer reden is om juridische concepten over territoir van het pre-internet tijdperk niet ongewijzigd toe te passen.

Door cloud computing wordt de problematiek van grensoverschrijdende opsporing op scherp gezet.[68] Bij een inval staat op de computer dan geen informatie, maar ergens op internet. Het is niet duidelijk waar deze informatie zich fysiek bevindt en bovendien kan de fysieke locatie regelmatig wisselen. Mogelijk dat deze ontwikkeling de opsporingsbevoegdheden het laatste duwtje in de richting van onze informatiesamenleving geeft en de link tussen recht en internet daarmee juist wordt gelegd.

---

[67] Antwoord Teeven 8 februari 2012 op vragen van El Fassed (GroenLinks), *Aanhangsel Handelingen*, 1467.
[68] Voorjaar 2012 wordt door B.J. Koops e.a. WODC onderzoek verricht naar de implicaties van de cloud voor opsporing.

III. Denk verder dan bestaande kaders

'Jawel agent, we zitten vast aan een onzichtbaar touw.'
'Ja hoor eens,' zei de agent geprikkeld, 'dat is nou maar onzin. De wet erkent geen onzichtbare touwen.'

Annie M.G. Schmidt - Fluitje van een cent, 1960

Het derde gebod handelt over zogenaamd out-of-the-box denken. Het recht biedt de normen, de technologie de mogelijkheden. Dit is het uitgangspunt, maar niet het eindpunt. Om tot juiste oplossingen te komen kan het nodig zijn om voorbij bestaande kaders te denken.[69]

Een prachtig voorbeeld is de Haarlemse rechter die moest besluiten of een bedrijf in een schriftelijke offerte mocht verwijzen naar algemene voorwaarden op internet.[70] In de wet was bepaald dat elektronische voorwaarden enkel gebruikt konden worden bij elektronisch contracteren. Hij had zich kunnen beperken tot deze vaststelling, maar hij keek verder. Voor zijn gevoel moesten algemene voorwaarden ook in andere gevallen via internet ter beschikking gesteld kunnen worden. In

Hij stelde daarom dat in het huidige tijdsgewricht elektronische ter hand stelling als gelijk aan feitelijke terhandstelling moet worden gezien.

de praktijk ontstond onduidelijkheid omdat niet alle rechters waren gediend van deze inventieve interpretatie.

De Nederlandse wetgever besloot daarom online algemene voorwaarden bij alle vormen van contracteren toe te staan. Ironisch genoeg kwam aan de onduidelijkheid geen einde omdat bij de invoering begin 2010 niet

---

[69] Een klassiek voorbeeld is Quint/Te Poel (HR 30-01-1959, *NJ* 1959, 548). De wet bepaalde dat een verbintenis kon ontstaan uit hetzij de wet hetzij uit overeenkomst en daar was geen sprake van. Er werd niet gestopt met deze vaststelling, maar verder gedacht: de rechtsfiguur ongerechtvaardige verrijking werd geïntroduceerd.

[70] Rb. Haarlem, sector Kanton 29 augustus 2007, LJN BB2576. Zie ook *Computerrecht* 2007, 177 m.nt. M.L. Boonk.

uitgegaan werd van de half jaar daarvoor door de Europese dienstenrichtlijn gewijzigde tekst. Hierdoor ontstond een onjuiste wettekst en een daarmee gepaard gaande onzekerheid die tot op de dag van vandaag voortduurt.[71]

---

[71] Een recente poging de onduidelijkheid weg te nemen is een per 1 januari 2012 ingevoerde wijziging (Wet van 27 oktober 2011 tot partiële wijziging van een aantal wetten op het gebied van Veiligheid en Justitie, *Stb.* 2011, 500).

IV. Gebruik de kracht van de analogie

Then give me another word for it
You who are so good with words
And at keeping things vague

Joan Baez – Diamonds and rust, 1975

Hoe iets technisch werkt is niet altijd goed te bevatten en juristen praten graag in voorbeelden. Het vierde gebod betreft het gebruik van analogieën om internetrecht duidelijk te maken.[72] Het trekken van parallellen tussen online en offline werkt verhelderend.

Stel je wandelt een winkel binnen en de bewaker vraagt je naam, camera's registreren elke stap, een medewerker noteert hoe lang je in welk pad bent, en voor het afrekenen moeten adresgegevens worden verstrekt.[73] Dit voorbeeld van Lessig maakt direct de privacy impact van online winkelen duidelijk.

Ook bij informatieplichten voor webwinkels werkt de analogie. Op een site moet de naam duidelijk worden aangegeven, denk aan de gevel van een winkel. Stel dat je geblinddoekt midden in een winkel wordt gezet, dan heb je geen idee waar je bent. Dit gebeurt op internet door verwijzingen van zoekmachines, dus moet op elke pagina informatie verstrekt worden over de aanbieder. Je kunt producten op internet niet zien en voelen, dus heb je een wettelijk recht te retourneren 14 dagen nadat je dat wel kan.

Informatieplichten hebben overigens een slagveld in het Burgerlijk Wetboek veroorzaakt.[74] Van de met zorg opgebouwde structuur en coherentie is weinig over. Zo moet een websitehouder die aan

---

[72] BREIN vs. Ziggo/XS4ALL kent veel treffende analogieën, zoals dat NS en Connexxion geen reizigers meer mogen vervoeren naar de bazaar in Beverwijk omdat daar roofkopieën worden aangeboden, J. Weghs, http://www.dejaap.nl/2012/01/12/, of dat een bus niet meer mag stoppen bij een halte waar veel mensen uitstappen vanwege handel in gestolen spullen https://blog.xs4all.nl/2012/01/13/bij-de-krombank/.
[73] Lessig 1999 (zie noot 37).
[74] Goed overzicht biedt M.B. Voulon (2010), *Automatisch contracteren* (diss. Leiden).

Recht rond cyberwar, het internet van dingen en andere internet (on)gemakken 23

consumenten levert vergelijkbare informatie verstrekken in drie verschillende hoedanigheden, op drie verschillende manieren.[75] De vraag is ook wie er nu precies profiteert van deze informatie. Een zwakke consument kan nog steeds onnodige en onvoordelige contracten sluiten, zeker op de financiële markt[76] die nog een berg aan aanvullende informatieplichten en financiële bijsluiters kent.[77]

> Informatieplichten hebben overigens een slagveld in het Burgerlijk Wetboek veroorzaakt.

De analogie is krachtig maar moet zorgvuldig worden gebruikt. Bij rectificaties leidt het vertalen van de vormgeving in een krant naar het internet tot vreemde uitkomsten, zo blijkt uit talloze rechterlijke uitspraken.[78] Er moet immers wel rekening worden gehouden met het eigen karakter van het internet.

---

[75] Als dienstverlener van de informatiemaatschappij (art. 3:15d BW - zijn identiteit en adres van vestiging, op een gemakkelijke, rechtstreekse en permanent toegankelijke wijze toegankelijk maken), als dienstverrichter (art. 6:230b BW - zijn naam, het geografische adres waar hij gevestigd is en zijn adresgegevens ter beschikking stellen) en als verkoper op afstand (art. 7:46c BW - zijn identiteit en adres, met alle aan de gebruikte techniek voor communicatie aangepaste middelen en op duidelijke en begrijpelijke wijze verstrekken). Binnen een jaar of 2 volgt een nieuwe serie informatieplichten op grond van de consumenten richtlijn 2011/83/EU waaronder: de identiteit van de handelaar, zoals zijn handelsnaam, op duidelijke en begrijpelijke wijze verstrekken (art. 6 lid 1 sub b) – dus niet langer hoeft het middel aan de techniek voor communicatie op afstand te zijn aangepast.
[76] Bijkomend probleem is identificatie, zie uitgebreid N.S. van der Meulen (2011), *Financial Identity Theft: Context, Challenges and Countermeasures*, T.M.C. Asser Press.
[77] R.E. van Esch (2008), Elektronisch (financieel) rechtsverkeer, *FR* 2008/4, p. 143 – 146.
[78] A.R. Lodder (2006), Wat is een homepage? - noot bij Vzngr. Amsterdam 7 december 2005. *Mediaforum*, (3), 2006, vgl. overzicht internetrechtspraak.wikispaces.com/Rectificatie.

V.   Valoriseer en informeer

Als ik niet luister
Hoor ik het niet
Hoor ik het niet
Wist ik er niets van
Kunnen ze mij niets maken
Dus ik luister niet

Bram Vermeulen – Politiek, 1980

Het belang van internetrecht hoeft na een klein half uur nauwelijks betoog. Het vijfde gebod beoogt dat naast de aanwezigen hier, zoveel mogelijk anderen dit realiseren en daarvan profiteren.

Internationale samenwerkingsverbanden, de politiek, wetgevers, advocaten en rechters zoeken oplossingen voor juridische vragen waar internet ons voor stelt. De wetenschapper hoeft geen rekening te houden met deelnemers, achterban, cliënten en ook niet de knoop door te hakken. Een wetenschappelijke analyse kan ook betekenis hebben voor de politiek, rechterlijke macht en wetgever.

> Bad cases make bad law, maar soms geldt hetzelfde voor good lawyers.

Valorisatie, dat is onderzoeksresultaten een bijdrage laten leveren aan de samenleving, leidt tot een win-win situatie. Resultaten van gefinancierd onderzoek komen ten goede aan de samenleving of de praktijk financiert onderzoek.[79] Fundamenteel onderzoek leent zich hier minder voor, maar bijvoorbeeld bij het WODC onderzoek naar kinderporno en filteren leidde een fundamentele uiteenzetting tot beleidswijzing.[80]

---

[79] Kritisch: B.M.J. van Klink (2010), *Rechtsvormen. Autonomie van recht en rechtswetenschap* (oratie VU), Boom juridische uitgevers.
[80] W.PH. Stol, Kaspersen, H.W.K., Kerstens, J., Leukfeldt, E.R. & Lodder, A.R. (2008). *Filteren van kinderporno op internet*. Den Haag: Boom.

Recht rond cyberwar, het internet van dingen en andere internet (on)gemakken 25

Behalve de politiek kan ook de wetgever en rechtspraak van internetrecht onderzoek profiteren. Zo kan een goed pleidooi tot slecht recht leiden. Advocaten is dit niet kwalijk te nemen, zij dienen hun cliënt. Rechters is ook niets te verwijten, zij kunnen niet alles weten. 'Bad law' kan voorkomen worden door algemene of specifieke vragen uit te zetten bij internetjuristen. Wederom een win-win situatie.

De internetjurist moet ook informeren. Juristen moeten doordrongen raken van het feit dat ze in de huidige tijd niet meer zonder een internetrechtelijke invalshoek kunnen. Technici moeten zich realiseren dat normering een rol speelt bij de ontwikkeling en toepassing van technologie.

VI.   Ontstijg het nationale recht

Het is duidelijk, dat men met de trommelkampen der Eskimo's in dezelfde sfeer verkeert als met den potlatch, met de Oud-Arabische snoef- en schimpwedstrijden, met de Chineesche wedkampen, met de Oudnoorsche mannjafnaðr en den niðsang, letterlijk 'nijdzang', een lied, waarmee men een vijand (níð beteekent vijandschap, niet afgunst) beoogde eerloos te maken.

Johan Huizinga – Homo Ludens (IV Spel en rechtspraak), 1938

Bij het nadenken over normering van internet is het goed om dit ook los van specifieke rechtstelsels te doen. Nationaal recht kan hierbij wel een rol spelen. Niet systematisch zoals bij rechtsvergelijking, maar als inspiratiebron en stof tot nadenken.

In 2005 deed Qui Chengwei aangifte van diefstal van zijn virtuele zwaard. De politie lachte. Het Chinese recht kende geen virtuele diefstal. Qui werd boos en vermoordde zijn vriend, de virtuele dief. In juni 2011 concludeerde AG Hofstee waarom het wegnemen van een virtueel masker en amulet als diefstal moet worden gezien. Hoewel pas eind januari 2012 de Hoge Raad arrest wees, was ruim vier maanden daarvoor een uitstekend concept arrest beschikbaar van de studenten Actualiteiten Internetrecht.[81]

> Hoewel pas eind januari 2012 de Hoge Raad arrest wees, was ruim vier maanden daarvoor een uitstekend concept arrest beschikbaar van de studenten Actualiteiten Internetrecht.

Het is voor het eerst dat een hoogste rechtscollege besliste over strafbaarheid van weggenomen virtuele objecten.[82] Er is specifieke

---

[81] *Hoge Raad en virtuele diefstal: 30 raadsheren can't be wrong*, http://jurel.nl/2011/09/19/.
[82] Hoge Raad 31 januari 2012, *LJN* BQ9251. Er is ook een Engelse vertaling beschikbaar via Rechtspraak.nl, http://bit.ly/A9UVDF vanwege internationale belangstelling, onder andere Greg Lastowska maakt er melding van op TerraNova en Madisonian.net: "The Dutch

Recht rond cyberwar, het internet van dingen en andere internet (on)gemakken 27

wetgeving over computergegevens maar het belang dat beschermd wordt sluit beter aan bij de diefstal bepaling uit 1886. Hiermee is de ontwikkeling van stoffelijk via elektriciteit voorlopig geëindigd bij enkel op internet bestaande objecten.

Behalve de kwalificatie als diefstal is bijzonder dat de overheidsrechter heeft geoordeeld over vermogensverplaatsingen binnen een door een private aanbieder gereguleerde omgeving.

Internationale discussie over virtuele diefstal begon met de vraag of eigendom van virtuele objecten mogelijk is. Spelvoorwaarden bepalen namelijk dat rechten berusten bij de aanbieder van het spel.[83] De redenering was dat als je virtuele eigendom accepteert, diefstal mogelijk is. Deze redenering wordt nu omgedraaid: nu diefstal is vastgesteld, betekent dit dat er eigendom rust op virtuele objecten? Toekomstig onderzoek richt zich op de vraag of toebehoren bij diefstal gelijk te stellen is met eigendom en wat dit betekent voor de rechtsverhouding met de spelaanbieder. Interessant daarbij is dat het Engelse recht geen bezit kent en in het Nederlandse recht de dief wel bezitter maar geen eigenaar is.

Supreme Court issued its long-awaited ruling in the Runescape theft case today. (...) The ruling cites to the work of my friend Professor Arno Lodder, who has been keeping close tabs on the case, as well as to my book and to my work with Dan Hunter on virtual law & virtual crime."

[83] Ter verduidelijking verwijs ik naar de drie niveaus van regulering zoals beschreven in J. van Kokswijk & A.R. Lodder (2008), *Recht in online reality*, Paris uitgevers. Uitgangspunt is om zoveel mogelijk binnen de virtuele wereld op te lossen, ook wel aangeduid als het binnen de van Johan Huizinga bekende Magische Cirkel blijven.

VII. Richt blik op toekomst

The concepts don't match up (...) I remember how strange it felt sitting in a meeting in the '80s, looking down a long list of my own songs whose copyright was finally available for me to acquire, and seeing the title "Wide Open Road" among them. I was suddenly overwhelmed with a vivid memory of exactly how I felt thirty years before (...) and conjured that song up out of the air. How could anyone but me own that?

Johnny Cash – Cash the autobiography, 1997

Als ik studenten vraag wie illegaal muziek downloadt, steekt vrijwel iedereen zijn hand op. De Nederlandse downloadsituatie is echter vergelijkbaar met ons drugsbeleid. Telen van wiet mag niet, kopen wel. Wie weet waar de wiet vandaan komt, mag het zeggen. Er wordt iets legaal verkocht dat er niet mag zijn. Een vergelijkbare tovertruc geldt voor internet. Het plaatsen van muziek op internet mag niet, het eraf halen wel.[84]

Het zevende gebod moet voorkomen dat met de rug naar de toekomst recht wordt toegepast. Het fanatisme van handhavers is soms aandoenlijk. Recent is een filmpje met een vogeltje geblokkeerd. Een papegaai die 'I feel good' of 'Piet Piraat' zong? Nee, een onschuldig natuurfilmpje. Al jaren is het geluid van een Duitse Potter persiflage, om mij onduidelijke redenen Harry Lodder genaamd, niet te horen.

> Constructief over alternatieven nadenken verdient de voorkeur boven repressief handelen vanuit bestaande kaders.

Hoezo parodie exceptie? Youtube houdt Sony content op verzoek van de Duitse BUMA tegen, waardoor Sony zegt miljoenen mis te lopen. Vermakelijke voorbeelden, maar hoe moet het nu met het auteursrecht? Een alternatief zoals de open source beweging, ook wel aangeduid met

---

[84] Het doet denken aan een logica voorbeeld over tuinhekjes. In een Engelse County is het verboden om tuinhekken te hebben. In geval je toch een tuinhek hebt, dan moet dit groen zijn.

Recht rond cyberwar, het internet van dingen en andere internet (on)gemakken 29

copyleft? Sinds enkele maanden is er ook hulp van boven. Het Zweedse kerkgenootschap Kopimisten streeft als heilig doel na het delen en kopiëren van informatie. Zelf geloof ik meer in de techniek, het recht en vooral innovatie.

Eerder heb ik een rechterlijke bevel om ISP's te laten filteren onverstandig en juridisch discutabel genoemd.[85] Voor wetgeving als ACTA, PIPA en SOPA geldt hetzelfde. Verfrissend is de CEO van Sony International die het internet een zegen noemt voor de muziekindustrie.[86] Constructief over alternatieven nadenken verdient de voorkeur boven repressief handelen vanuit bestaande kaders.

Er is genoeg te overdenken. Een goede balans bij e-books tussen vrijheid van informatiegaring en erkenning van rechten. Wat films en muziek betreft is downloaden binnenkort net zo achterhaald als een CD dat nu is, alles wordt streaming media. Niet duidelijk is waarom NORMA eerder deze week meende dat een gewonnen zaak over heffingen op dragers ook over de toekomst ging.[87] Spotify en vergelijkbare aanbieders kunnen exploitatie van content en auteursrechten een stap verder brengen.[88]

---

[85] A.R. Lodder (2012). Opinie: uitspraak in BREIN vs. ZIGGO/XS4ALL stemt tot nadenken. *Tijdschrift voor Internetrecht*, 5, 13-15.
[86] "Das Internet ist für die Musikindustrie ein großer Glücksfall, oder besser gesagt: Das Internet ist für uns ein Segen." http://www.welt.de/wirtschaft/webwelt/article13881492/.
[87] Hof Den Haag 27 maart 2012, LJN BV9880.
[88] Zie ook B. de Kock (2011), Streaming music services: remedie tegen piraterij?, *AA* 2011, p. 86-87.

'III.   Laat techniek niet de norm zijn

Omikron had een paar duizend jaar lang zijn vrije tijd besteed aan het verzamelen
van de karakterschetsen en persoonlijke gegevens van alle levende wezens op
aarde – het kon altijd van pas komen om iedereen ergens geregistreerd te hebben.
Het was niet groter dan een luciferdoosje, maar toch stond ieder wezen dat leefde
of ooit geleefd had, erin.

Magda Szabó, De elfenprins, 1965

Normering kan in het ontwerp van technologie besloten liggen: *Code is*
law.[89] Vroeger hadden zoekmachines respect. Voorzichtig deden ze
alternatieve suggesties: "Bedoelde u".[90] Tegenwoordig bieden
zoekmachines je eigen zoekopdracht als alternatief, zoals toen ik zocht
naar mijn bijdrage in het FD en Google meende dat ik naar Flodder op zoek was. Irritant, maar niet direct juridisch relevant, hoewel het neigt naar wanprestatie.

> In ons onderzoek definiëren wij kaders die aangeven wat met de technologie mag en benadrukken dat gemak niet zondermeer ten koste van fundamentele waarden moet gaan.

Bij het achtste gebod gaat het niet om de normering door technologie,
maar om de verhouding tussen juridische normen en internet. Het internet
bepaalt de mogelijkheden, het recht de toelaatbaarheid.[91] Dit speelt zeker
bij het internet van dingen.

---

[89] Lawrence Lessig, *Code and Other Laws of Cyberspace* en *Code v2*, zie http://codev2.cc/.
Vgl. ook de UvT leerstoel van Ronald Leenes, Regulering *door* technologie.
[90] Hoge Raad 2 september 2003, LJN AF8751: (...) waarbij Yahoo zo vriendelijk was te vragen:
"We couldn't find any results for "welssborough." Did you mean wellsborough?"
[91] Vgl. T.C. Wingfield & E. Tikk (2010), Frameworks for International Cyber Security: The
Cube, the Pyramid, and the Screen, *International Cyber Security Legal & Policy Proceedings*,
p. 16-22: "(...) technology is the art of the possible, just as law is the art of the permissible,
and policy is the art of the preferable".

Content die de huiskamer binnenstroomt en draadloos speakers en schermen bereikt is een exponent van het internet van dingen, ook wel internet van alles. In Nevada staat de wet sinds maart 2012 onbemande voertuigen op de snelweg toe.[92] De onbemande auto biedt gemak van een trein, maar dan van deur tot deur.[93] Stroom wordt geleverd via slimme meters. Medicijnen vragen om ingenomen te worden en pacemakers worden gecontroleerd via internet. Een Nederlandse veehouder heeft zijn koeien voorzien van ip-adres en krijgt automatisch een mailtje van de koe als deze ziek of zwanger is.[94]

Koeien zullen niet veel moeite hebben met het delen van medische informatie, maar mensen willen doorgaans enige mate van controle behouden. De stelling "if you don't want others to know, you should not do it in the first place" miskent het belang om bepaalde zaken niet te willen delen. Ik zing graag maar laat anderen daar, ook in hun eigen belang, liever niet in delen. Dat iemand op straat een foto van je maakt en gelijk je hele doopceel licht, kan door facial recognition software. Allerhande onschuldige informatie levert in combinatie minder onschuldige resultaten op, zeker bij een net gemaakte foto.

Het niet delen van informatie wordt lastiger door de overvloedige beschikbaarheid en mogelijkheden van permanente controle. Technologie nodigt uit tot perfecte handhaving, maar uitzonderingen blijven bestaan. Computers maken geen fouten, maar de mensen die ze instrueren zijn feilbaar. Dit betekent dat we niet geheel afhankelijk moeten worden van technologie. Het internet van dingen zal ons gemak leveren, maar ook een stroom aan informatie en talrijke controle- en handhavingsmogelijkheden. In ons onderzoek definiëren wij kaders die aangeven wat met de technologie mag en benadrukken dat gemak niet zondermeer ten koste van fundamentele waarden moet gaan.[95]

---

[92] http://www.forbes.com/sites/alexknapp/2012/02/17/nevada-passes-regulations-for-driverless-cars/.
[93] K.A.P.C. van Wees (2011), 'Over intelligente voertuigen, slimme wegen en aansprakelijkheid', *Verkeersrecht* 58/2, p. 33-44.
[94] http://www.archie.nl/nl/nieuws/nieuwsberichten/1544-200mb-per-koe.
[95] T.H.A. Wisman & A.R. Lodder (2010). Hoeveel ruimte is er voor privacy in het internet van dingen? *Tijdschrift voor Internetrecht*, 3(6), 178-183.

IX.   Werk samen met andere disciplines

Divided we stand, together we'll rise

Marillion – White feather, 1985

Het negende gebod ziet op voor internetjuristen noodzakelijke samenwerking. Dit kan op verschillende manieren. Louter informerend bij juristen die niks met internet hebben of technici die zich niet interesseren voor recht. Constructieve samenwerking door vanuit verschillende gezichtspunten een probleem te benaderen en elkaar aan te vullen. Minder constructief is uitsluitend oog hebben voor het eigen perspectief, zoals een technicus die vooral zegeningen ziet of de jurist die voornamelijk problemen ontwaart. Het gevaar is dan dat de andere visie wordt afgedaan als oninteressant, niet de kern rakend, terwijl samenbrengen van verschillende gezichtspunten versterkend werkt. Destructief is de betweter, die aanvalt op het expertiseterrein van de ander. Dit oppositie model kan nuttig zijn omdat het zaken op scherp stelt, maar de

> De analyse van cyberwar activiteiten richt zich op het juridische kader (volkenrecht, strafrecht) , de actoren (burgers, bedrijven, overheden) en hun rollen (cyberactivisten, terroristen, spionnen, soldaten)

kans op losse flodders is groot. Beter is om kritische vragen te stellen vanuit de eigen expertise over het kennisgebied van de ander.

De kern is technische en juridische kennis, maar relevante experts zijn ook sociologen, politicologen, psychologen, economen, etc. Web science is een nieuwe discipline waarin al deze vakgebieden samenkomen.[96] Bij het onderwerp Cyberwar werken wij constructief samen met volkenrecht. Internetjuristen zijn gewend voor de muziek uit te lopen, maar hobbelen hier achter de fanfare aan die twintig jaar geleden binnen defensiekringen

---

[96] http://webscience.org/.

ging spelen.[97] In het leger is informatieoorlogsvoering een kernvaardigheid en het internet leent zich daar als vanzelf voor. Het gebruik van het internet als wapen is dan een kleine stap.

Agressie en internet, een bekend fenomeen. Er zijn onmiskenbaar dreigingen op internet die verder gaan dan cybercrime en overheden ontwikkelen cyberstrategieën die defensief en zelfs offensief zijn. Zo bleek Japan begin dit jaar een toepassing te testen die sporen terugvolgt tot de aanvaller en deze uitschakelt, ook als het spoor via verschillende proxies loopt.[98]

De internetrechtelijke invalshoek is bij cyberwar veelal onderbelicht, zoals in het eind 2011 gepresenteerde rapport *Digitale Oorlogsvoering*.[99] In juni 2011 meldde de Amerikaanse overheid dat na een cyberaanval een reactie met cyberwapens en klassieke wapens kan volgen.[100] De vraag is hoe dit soort acties is te kwalificeren als "proportioneel" en vooral tot wie de reactie zich moet richten.[101] Cyber acties zijn lastig traceerbaar. Onduidelijk is dan welk land aangevallen moet worden, zeker als de reactie snel op de aanval moet volgen.

De analyse van cyberwar activiteiten richt zich op het juridische kader (volkenrecht, strafrecht) , de actoren (burgers, bedrijven, overheden) en hun rollen (cyberactivisten, terroristen, spionnen, soldaten). [102] Dit maakt ook duidelijk dat de algemene noemer Cyberwar als gebruikelijke term zowel feitelijk als juridisch te beperkt is.

---

[97] J. Arquilla & D. Ronfeldt (1993), Cyberwar is coming!, *Comparative Strategy*, jrg. 12, nr. 2, p. 141-165.
[98] http://cyberarms.wordpress.com/2012/01/03/japan-building-automatic-cyber-defense-virus/.
[99] Adviesraad Internationale Vraagstukken en Commissie van Advies inzake Volkenrechtelijke Vraagstukken, No 77, AIV/No 22, CAVV December 2011.
[100] Department of Defense Strategy for Operating in Cyberspace, July 2011, http://www.defense.gov/news/d20110714cyber.pdfb.
[101] Vgl. kort interview op Belgische radio 7 juni 2011, http://bit.ly/kLypfy.
[102] L.J.M. Boer & A.R. Lodder, Chapter 10 Cyberwar, in: Leukfeldt/Stol (eds.), *Cyber Safety: An Introduction*, http://ssrn.com/abstract=2039220 en A.R. Lodder & L.J.M. Boer (2012), Cyberwar? What war? Meer in het bijzonder: welk recht? *Justitiële Verkenningen*, 38(1), 52-67.

X.   Zoek balans nationaal en internationaal

If I had to choose between government without newspapers, and newspapers without government, I wouldn't hesitate to choose the latter.

Thomas Jefferson

Het nationale recht kent bij internetregulering zijn beperkingen en het internationale recht zijn onmogelijkheden.[103] Het tiende gebod gaat over het vinden van de juiste balans. Bij uitingen is er spanning tussen nationaal recht, het grensoverschrijdende internet en culturele verschillen. Niet anonimiteit en gebrekkige traceerbaarheid zoals bij cyberwar, maar het openbare karakter staat centraal.

Eind 2009 deden twee gerechtshoven tegengestelde uitspraken over smaad, populair gezegd kwaadspreken in het openbaar, bij een besloten Hyves profiel. In juli 2011 volgde een Hoge Raad arrest.[104] Voor internet is zorgelijk dat smaad ook mogelijk is

> Bij uitingen is er spanning tussen nationaal recht, het grensoverschrijdende internet en culturele verschillen.

indien een-op-een gecommuniceerd wordt. Besloten communicatie als chat of e-mail krijgt hierdoor een openbaar karakter. Het criterium is of mede gezien de aard van de uiting verwacht kan worden dat deze verder verteld wordt. Hiermee is de voor internetrecht interessante vraag wanneer sprake is van openbaarheid slechts indirect en onbevredigend beantwoord.

Uitingen worden wereldwijd ontvangen, in verschillende culturen. Twee Britse pubers hadden getweet over het opgraven van Marilyn Monroe en

---

[103] Onder andere R. Uerpmann-Wittzack, (2010), Principles of International Internet Law, *German Law Journal* Vol. 11, no. 11, p. 1245-1263 en R. Hughes (2010), A treaty for cyberspace. *International Affairs* 86: 2 p. 523–541.
[104] Hoge Raad 5 juli 2011, *LJN* BQ2009.

dat ze "gonna destroy America", wat feesten betekent. De douane zocht vergeefs naar een schep, maar Amerika kwamen ze niet binnen.[105]

Twitter kan uitingen geografisch beperken, zodat deze niet wereldwijd verwijderd hoeven te worden. Hoewel het doel is vrije meningsuiting te dienen is de grens tussen het respecteren van culturele verschillen en het steunen van censuur vaag. Stel dat de Chinese overheid tweets over Tibet wil verwijderen? Of Saudie Arabie over Mohammed?

Hamza Kashgari had na zes uur drie tweets over Mohammed verwijderd, maar wacht mogelijk de doodstraf.[106] Facebook heeft een Hamza doodsvonnispagina met duizenden vrienden en ook een *Free Hamza* pagina die pleit voor wereldwijde vrijheid van meningsuiting. Dit is lastig want er bestaan duidelijk culturele verschillen, ook binnen de EU. De vraag is in hoeverre harmonisatie van strafbare uitingen op internet mogelijk is. In binnenkort te starten promotie onderzoek gaan wij kijken naar regulering van uitingen op internet binnen de Europese Unie. Daarbij moet de juiste balans gevonden worden tussen nationaal en EU recht.

---

[105] Sociale media brengen burgers meer in aanraking met ander nationaal recht dan Goldsmith en Wu (2006) konden voorzien (zie noot 22).
[106] *Saudi Sheikh weeping as he demands that Saudi Columnist Hamza Kashgari gets executed* http://www.youtube.com/watch?v=s9kAVlnGMTU.

Slot

Het kan zijn dat ik u niet alleen heb overtuigd van het nut en de noodzaak van internetrecht, maar dat u nu uw werkterrein geheel of gedeeltelijk naar het internetrecht wil verleggen. Dat kan. De tien geboden bieden een goede basis en de hoeveelheid vragen zal de komende jaren alleen maar toenemen. Computers zijn steeds vaker tablets en smartphones en binnen 5 jaar gebruikt vrijwel de hele wereldbevolking mobiel internet. De hele wereld op het internet! Een echt wereldwijd web! `Er is veel en bijzonder boeiend werk te verrichten.

> De hele wereld op het internet!
> Een echt wereldwijd web!

Dank

Meer mensen bedanken maakt het risico op omissies groter. Ik waag en win in ieder geval tijd want dankbetuigingen worden als herhaald en ingelast beschouwd.

(...)[107]

Ik heb gezegd.

---

[107] Wat hier volgde was een interactie tussen slides en presentatie, die zich niet goed van papier laat lezen. Bovendien was het merendeel van de rond de 100 mensen die ik liet zien of noemde aanwezig.